Die natürliche und künstliche Zersetzung der Elemente

AF670964

Ernest Rutherford war ein britischer Physiker. Er gilt als einer der bedeutendsten Experimentalphysiker. Rutherford erkannte 1897, dass die ionisierende Strahlung von Uran aus mehreren Teilchenarten besteht. 1902 stellte er die Hypothese auf, dass chemische Elemente durch radioaktiven Zerfall in Elemente mit niedrigerer Ordnungszahl übergehen. Er unterschied 1903 die Radioaktivität in Alphastrahlung, Betastrahlung und Gammastrahlung nach ihrem zunehmenden Durchdringungsvermögen und führte den Begriff der Halbwertszeit ein. Diese Arbeit wurde 1908 mit dem Nobelpreis für Chemie ausgezeichnet.

Über das Buch:

Das Verständnis des Aufbaus der Atome und der Atomkerne ist entscheidend, um die Welt verstehen. Mit einem besseren Verständnis der Kräfte in den Kernen und wie sie aufeinander wirken, können Forscher neue Technologien entwickeln, die uns helfen, unser Leben zu verbessern. Es kann uns beispielsweise ermöglichen, energiereichere Energiequellen als heutige fossil betriebene Kraftwerke herzustellen oder effizientere Wege finden, unsere Ressourcen im Alltag besser nutzen. Rutherford war einer der Ersten, der die Grundlagen der Kernphysik erforschte und dazu beitrug, das Verständnis für den Aufbau der Atome zu stärken.

DIE NATÜRLICHE UND KÜNSTLICHE ZERSETZUNG DER ELEMENTE

Von

Professor Sir ERNEST RUTHERFORD

Kt., D. Sc., LL. D., Ph. D., D. Phys., F. R. S.

ANLÄSSLICH DER HUNDERTJAHRFEIER DER GRÜNDUNG DES FRANKLIN-INSTITUTS

UND DER EINWEIHUNGSFEIERLICHKEITEN DER BARTOL-FORSCHUNGSSTIFTUNG AM 17., 18. UND 19. SEPTEMBER 1924

FRANKLIN INSTITUT

PHILADELPHIA

TOPPBOOK WISSEN BD. 61

FSC
www.fsc.org
MIX
Papier aus verantwortungsvollen Quellen
Paper from responsible sources
FSC® C105338

Bibliografische Information der Deutschen Nationalbibliothek:
Die Deutsche Nationalbibliothek verzeichnet diese Publikation in der Deutschen Nationalbibliografie; detaillierte bibliografische Daten sind im Internet über dnb.dnb.de abrufbar

Neuübersetzung 2022
Alle Rechte vorbehalten

Herstellung und Verlag: BoD – Books on Demand, Norderstedt

ISBN: 978-3-7568-9121-4

Inhaltsverzeichnis

DIE NATÜRLICHE UND KÜNSTLICHE ZERSETZUNG DER ELEMENTE

Von

Professor Sir ERNEST RUTHERFORD, Kt., D. Sc., LL. D., Ph. D., D. Phys., F. R. S.

Es ist nicht meine Absicht, in diesem Aufsatz den natürlichen Zerfall der Radioelemente oder die Methoden zur künstlichen Zersetzung bestimmter leichter Elemente im Detail zu beschreiben. Ich gehe davon aus, dass Sie alle eine allgemeine Kenntnis der Ergebnisse dieser Untersuchungen haben, aber ich werde mich auf eine Betrachtung der Auswirkungen dieser Ergebnisse auf unser Wissen über die Struktur der Atomkerne beschränken.

Man ist sich heute darüber einig, dass die Atome aller Elemente eine ähnliche elektrische Struktur haben, die aus einem zentralen positiv geladenen Kern besteht, der in einem gewissen Abstand von der entsprechenden Anzahl von Elektronen umgeben ist. Aus der Untersuchung der Streuung von α-Teilchen an den Atomen der Materie und aus den klassischen Forschungen von Moseley über Röntgenspektren wissen wir, dass die resultierende positive Ladung des Kerns eines jeden Atoms, ausgedrückt in der Grundeinheit der elektronischen Ladung, numerisch durch die Atom- oder Ordnungszahl des Elements angegeben wird, wobei fehlende Elemente entsprechend berücksichtigt werden. Wir wissen, dass bis auf wenige Ausnahmen alle Kernladungen, von 1 für das leichteste Atom, Wasserstoff, bis 92 für das schwerste Element, Uran, durch die in der Erde vorkommenden Elemente repräsentiert werden. Die Kernladung eines Elements steuert die Anzahl und Verteilung der äußeren Elektronen, so dass die Eigenschaften eines Atoms durch eine ganze Zahl definiert werden, die seine Kernladung darstellt, und nur in geringem Maße von der Masse oder dem Atomgewicht des Atoms beeinflusst werden.

Dieser winzige, aber massive Kern ist in gewissem Sinne eine Welt für sich, die von den gewöhnlichen physikalischen und chemischen Kräften, die uns zur Verfügung stehen, wenig oder gar nicht beeinflusst wird. In vielerlei Hinsicht ist das Problem der Kernstruktur viel schwieriger als das entsprechende Problem der Anordnung und Bewegung der planetarischen Elektronen, wo wir über eine Fülle von verfügbaren Informationen, sowohl physikalischer als auch chemischer Art, verfügen, um die Angemessenheit unserer Theorien zu prüfen. Über den Atomkern sind nur wenige Fakten bekannt, und die Angriffsmethoden, die Licht auf seine Struktur werfen sollen, sind begrenzt.

Es ist sinnvoll, zwischen den Eigenschaften zu unterscheiden, die dem Kern und den Planetenelektronen zugeschrieben werden. Die Bewegungen der Außenelektronen sind für die Röntgen- und optischen Spektren der Elemente verantwortlich und ihre Konfiguration für die gewöhnlichen physikalischen und chemischen Eigenschaften des Elements. Dagegen sind die Phänomene der Radioaktivität und alle Eigenschaften, die von der Masse des Atoms abhängen, eindeutig dem Kern zuzuordnen. Aus dem Studium der radioaktiven Umwandlungen wissen wir, dass der Kern eines schweren Atoms nicht nur positiv geladene Körper, sondern auch negative Elektronen enthält, so dass die Kernladung der Überschuss der positiven Ladung über die negative ist. In den letzten Jahren ist die allgemeine Vorstellung entstanden, dass es zwei bestimmte Grundeinheiten gibt, die mit dem Aufbau komplexer Kerne zu tun haben, nämlich das leichte negative Elektron und der relativ massive Wasserstoffkern, von dem man annimmt, dass er dem positiven Elektron entspricht.

Diese Auffassung wird durch die Isotopenversuche von Aston sehr stark unterstützt, in denen er gezeigt hat, dass die Massen der verschiedenen Atomarten fast durch ganze Zahlen im Sinne von O = 16 dargestellt werden.

Nach der allgemeinen elektrischen Theorie ist zu erwarten, dass die Masse des Wasserstoffkerns in der Kernstruktur aufgrund der sehr engen Packung der geladenen Einheiten im konzentrierten Kern etwas geringer ist als ihr Wert von 1,0077 im freien Zustand. Aus den Experimenten von Aston geht hervor, dass die durchschnittliche Masse des Wasserstoffkerns oder des Protons, wie es jetzt allgemein genannt wird, unter diesen Bedingungen sehr nahe bei 1,000 liegt. Es ist zu erwarten, dass die von Aston gefundene Ganzzahligkeitsregel nur in erster Näherung gilt, da die Masse des Protons bis zu einem gewissen Grad von der detaillierten Struktur des Kerns abhängig sein muss. Im Falle von Zinn und Xenon hat Aston bereits eine deutliche Abweichung von der Ganzzahligkeitsregel festgestellt, und zweifellos wird eine noch genauere Bestimmung der Massen der Atome weitere Unterschiede ähnlicher Art zutage fördern.

Obwohl unsere derzeitigen Erkenntnisse darauf hindeuten, dass das Proton und das Elektron die grundlegenden Bestandteile des Kerns sind, ist es sehr wahrscheinlich, dass sekundäre Kombinationseinheiten eine wichtige Rolle bei der Kernkonstitution spielen.

So deutet zum Beispiel der Ausstoß von Heliumkernen aus den radioaktiven Körpern darauf hin, dass der Heliumkern der Masse 4 wahrscheinlich eine sekundäre Einheit von großer Bedeutung für den Atomaufbau ist. Nach den dargelegten Überlegungen müsste man erwarten, dass der Heliumkern der Ladung aus vier Protonen und zwei Elektronen aufgebaut ist. Der Masseverlust bei der Bildung dieses Kerns deutet darauf hin, dass bei seiner Entstehung eine große Menge an Energie freigesetzt werden muss. Wenn dies der Fall ist, muss der Heliumkern eine so stabile Struktur sein, dass die kombinierte Energie von vier oder fünf der schnellsten α-Teilchen notwendig wäre, um ihn zu zerstören. Diese Schlussfolgerung wird dadurch gestützt, dass wir keinerlei Anzeichen für einen Zerfall des schnellen Teilchens selbst beobachten können, unabhängig davon, ob es zum Bombardieren von Materie oder des α-Teilchens zum Bombardieren anderer Heliumatome verwendet wird.

Unter diesen Gesichtspunkten ist davon auszugehen, dass der Kern des Radiums mit der Ordnungszahl 88 und dem Atomgewicht 22,6 insgesamt 226 Protonen der Masse 1 und 138 Elektronen enthält. Damit haben wir zwar das zahlenmäßige Verhältnis zwischen den beiden Grundeinheiten, aber wir haben noch keine genauen Informationen über ihre Anordnung im winzigen Kernvolumen und über die Art und das Ausmaß der Kräfte, die sie zusammenhalten. Es ist zu erwarten, dass sich viele der Protonen und Elektronen zu sekundären Einheiten zusammenschließen, z. B. zu Heliumkernen, und dass die detaillierte Struktur des Kerns ganz anders aussehen kann, als es zu erwarten wäre, wenn er aus einer Anhäufung freier Protonen und Elektronen besteht.

Es ist daher von großer Bedeutung, eindeutige Hinweise auf die Art und Anordnung der Bestandteile des Kerns und auf die Kräfte, die sie im Gleichgewicht halten, zu erhalten. Wir werden nun einige der Beweislinien betrachten, die Licht auf die tatsächlichen Dimensionen des Kerns und das in seiner Umgebung wirkende Kraftgesetz werfen; die Struktur und die Schwingungsformen des Kerns, zusammen mit den Effekten, die beobachtet werden, wenn einige leichte Kerne durch Beschuss mit α-Teilchen zerfallen.

DIMENSIONEN DER KERNE UND DAS GESETZ DER KRAFT

Das Konzept des Atomkerns entstand 1911, um die Streuung eines α-Teilchens um einen großen Winkel als Ergebnis eines einzigen Zusammenstoßes zu erklären. Die Beobachtung, dass das α-Teilchen bei der Begegnung mit einem einzelnen Atom in einigen Fällen um mehr als einen rechten Winkel abgelenkt wird, brachte erstmals die intensiven Kräfte ans Licht, die in der Nähe des Kerns herrschen. Geiger und Marsden zeigten, dass die Anzahl der Teilchen, die in verschiedenen Winkeln gestreut wurden, in enger Übereinstimmung mit der einfachen Theorie stand, die davon ausging, dass sich das α-Teilchen und der Kern für die jeweilige Entfernung wie geladene Punkte verhielten, die sich nach dem Gesetz des umgekehrten Quadrats gegenseitig abstießen. Die Richtigkeit dieses Gesetzes wurde von Chadwick unabhängig überprüft, so dass wir nun sicher sind, dass in einem kernnahen Bereich die üblichen Kraftgesetze gelten.

Diese Streuexperimente gaben uns auch eine erste Vorstellung von den wahrscheinlichen Dimensionen der Kerne schwerer Atome, denn es ist zu erwarten, dass das Gesetz des umgekehrten Quadrats zusammenbrechen muss, wenn sich das α-Teilchen der Kernstruktur nähert oder sogar in sie eindringt. Diese Abweichung vom Kraftgesetz würde sich in einer Differenz zwischen der beobachteten und der berechneten Anzahl von α-Teilchen zeigen, die unter großen Winkeln gestreut werden. Geiger und Marsden beobachteten jedoch keine bestimmte Abweichung, selbst wenn die α-Teilchen mit einer Reichweite von etwa 4 cm von einem Goldkern um 100° gestreut wurden. Bei einem solchen Zusammentreffen beträgt die kürzeste Annäherung des α-Teilchens an das Zentrum des Kerns etwa 5 x 10-12 cm, so dass der Radius des Goldkerns, vorausgesetzt er ist kugelförmig, nicht viel größer als dieser Wert sein kann.

Es gibt ein weiteres Argument, das sich auf radioaktive Daten stützt und einen ähnlichen Wert für die Abmessungen des Radius eines schweren Atoms angibt. Das α-Teilchen, das aus dem Kern entweicht, gewinnt an Energie, wenn es das Abstoßungsfeld des Kerns durchläuft. Um eine Mindestgrenze festzulegen, nehmen wir an, dass das α-Teilchen des Urans, das langsamste aller aus einem Kern austretenden α-Teilchen, seine gesamte Energie aus dem elektrostatischen Feld bezieht. Aus diesen Daten lässt sich errechnen, dass der Radius des Urankerns nicht kleiner als 6 x 10-12 cm sein kann. Dies beruht auf der Annahme, dass die Kräfte außerhalb des Kerns abstoßend und rein elektrostatisch sind. Wenn es, was nicht unwahrscheinlich ist, in der Nähe des Kerns auch starke Anziehungskräfte gibt, die sich schneller als nach dem umgekehrten Quadratgesetz verändern, können die tatsächlichen Abmessungen unter dem oben berechneten Wert liegen.

In diesem Stadium unseres Wissens ist es von großer Bedeutung, zu prüfen, ob das Kraftgesetz für die Entfernung der größten Annäherung eines α-Teilchens an einen Kern nicht gilt. Dies kann durch den Vergleich der beobachteten mit der berechneten Anzahl von α-Teilchen erfolgen, die in Winkeln von nahezu 180° gestreut werden. Es scheint fast sicher zu sein, dass das Gesetz des umgekehrten Quadrats zusammenbrechen muss, wenn schnelle α-Teilchen verwendet werden. Dies lässt sich aus dem folgenden Argument ableiten. Wenn ein α-Teilchen mit der gleichen Geschwindigkeit wie das bei der Umwandlung von Uran ausgestoßene Teilchen direkt auf den Urankern geschossen wird, muss es in die Kernstruktur eindringen. Verwendet man ein noch schnelleres α-Teilchen, z. B. das von Radium C, das etwa die doppelte Energie des Uran-α-Teilchens hat, so ist klar, dass es noch tiefer in die Kernstruktur eindringen muss. Dies beruht auf der Annahme, dass das von einem Kern ausgehende Feld in allen Richtungen annähernd symmetrisch ist. Wenn dies nicht der Fall ist, kann es passieren, dass nur ein Bruchteil der Frontalkollisionen effektiv in den Kern eindringt. Man hofft, dieses schwierige Problem bald experimentell angehen zu können.

Bisher haben wir uns mit Kollisionen eines α-Teilchens mit einem schweren Atom beschäftigt. Aus den Ergebnissen von Rutherford, Chadwick und Bieler wissen wir jedoch, dass bei der Kollision eines α-Teilchens mit dem leichtesten Atom, dem Wasserstoff, das Gesetz des umgekehrten Quadrats völlig zusammenbricht, wenn schnelle Teilchen verwendet werden. Nicht nur die Anzahl der H

Kerne viel größer, als nach der Theorie des einfachen Punktkerns zu erwarten wäre, sondern die Änderung der Anzahl mit der Geschwindigkeit des α-Teilchens variiert in entgegengesetzter Weise zur einfachen Theorie. Solch große Abweichungen zwischen Theorie und Experiment sind nur erklärbar, wenn man entweder davon ausgeht, dass die Kerne vernünftige Dimensionen haben oder dass das inverse quadratische Gesetz der Abstoßung bei solch engen Zusammenstößen völlig zusammenbricht. Wenn man annimmt, dass die Komplexität in der Struktur und in den Kraftgesetzen eher dem α-Teilchen als dem Wasserstoffkern zuzuschreiben ist, kamen Chadwick und Bieler als Ergebnis einer sorgfältigen Reihe von Experimenten zu dem Schluss, dass sich das α-Teilchen so verhält, als wäre es ein vollkommen elastischer Körper, von kugelförmiger Gestalt mit einer Nebenachse von 4

x 10-13 cm. in der Bewegungsrichtung und einer Hauptachse von 8 x 10-13 cm. Außerhalb dieses kugelförmigen Bereichs fielen die Kräfte nach dem gewöhnlichen Gesetz des umgekehrten Quadrats ab, aber innerhalb dieses Bereichs nahmen die Kräfte so schnell zu, dass ein Teilchen von ihm reflektiert wurde wie von einem vollkommen elastischen Körper. Zweifellos ist eine solche Vorstellung etwas künstlich, aber sie dient dazu, das Wesentliche des Zusammenstoßes zu verdeutlichen, nämlich dass, wenn sich die Kerne bis zu einem bestimmten kritischen Abstand voneinander nähern, Kräfte ins Spiel kommen, die sich schneller ändern als das umgekehrte Quadrat. Es ist schwierig, diesen Zusammenbruch des Kraftgesetzes nur auf die endliche Größe oder die Komplexität der Kernstruktur oder auf ihre Verzerrung zurückzuführen, sondern die Ergebnisse deuten eher auf das Vorhandensein neuer und unerwarteter Kräfte hin, die bei solch geringen Abständen ins Spiel kommen. Diese Ansicht wurde durch einige neuere Experimente von Bieler im Cavendish-Laboratorium bestätigt, in denen er mit Hilfe von Streumethoden eine detaillierte Untersuchung des Kraftgesetzes in der Nähe eines leichten Kerns wie dem von Aluminium durchgeführt hat. Zu diesem Zweck verglich er die relative Anzahl der α-Teilchen, die innerhalb der gleichen

Winkelgrenze von Aluminium und von Gold gestreut wurden. Für den verwendeten Winkelbereich bis 100° wird angenommen, dass die Streuung von Gold dem inversen Quadratgesetz folgt. Er stellte fest, dass das Verhältnis der Streuung in Aluminium im Vergleich zur Streuung in Gold von der Geschwindigkeit des α-Teilchens abhängt. Für ein α-Teilchen mit einer Reichweite von 3,4 cm beispielsweise wurde das theoretische Verhältnis für Ablenkungswinkel unter 40° erreicht, lag aber bei einem durchschnittlichen Ablenkungswinkel von 80° etwa 7 % niedriger. Bei schnelleren Partikeln mit einer Größe von 6,6 cm war die Abweichung vom theoretischen Verhältnis dagegen viel ausgeprägter und betrug 29 % bei einem Winkel von 80°. Um diese Ergebnisse zu erklären, nimmt er an, dass in der Nähe des Aluminiumkerns eine anziehende Kraft die normalen abstoßenden Kräfte überlagert. Die Ergebnisse stimmten am besten mit der Annahme überein, dass die Anziehungskraft mit der inversen vierten Potenz des Abstands variiert und dass sich die Anziehungs- und Abstoßungskräfte in etwa 3,4 x 10-13 cm Entfernung vom Kernzentrum die Waage halten. Innerhalb dieses kritischen Radius sind die Kräfte vollständig anziehend, außerhalb sind sie abstoßend.

Auch wenn wir nicht allzu viel Wert auf die Genauigkeit des tatsächlich erhaltenen Wertes oder des Gesetzes der Anziehungskraft legen müssen, werden wir wahrscheinlich nicht weit daneben liegen, wenn wir annehmen, dass der Radius des Aluminiumkerns nicht größer als 4 x 10-13 cm ist. Es ist interessant festzustellen, dass die Kräfte zwischen einem α-Teilchen und einem Wasserstoffkern bei etwa gleichem Abstand schnell variieren.

Es scheint also klar zu sein, dass die Dimensionen der Kerne von leichten Atomen klein sind, und im Fall von Aluminium fast unerwartet klein, wenn man bedenkt, dass 27 Protonen und 14 Elektronen in einem so winzigen Bereich konzentriert sind. Die Ansicht, dass die Kräfte zwischen den Kernen von Abstoßung zu Anziehung wechseln, wenn sie sehr nahe beieinander liegen, scheint sehr wahrscheinlich zu sein, denn andernfalls ist es äußerst schwierig zu verstehen, warum ein schwerer Kern mit einem großen Überschuss an positiver Ladung in einem so begrenzten Bereich zusammenhalten kann. Wir werden sehen, dass die Beweise aus verschiedenen anderen Richtungen eine solche Vorstellung unterstützen, aber es ist sehr unwahrscheinlich, dass die Anziehungskräfte in der Nähe eines komplexen Kerns durch ein einfaches Potenzgesetz ausgedrückt werden können.

RADIOAKTIVER NACHWEIS

Die Untersuchung der langen Reihe von Umwandlungen, die in Uran und Thorium stattfinden, liefert uns eine Fülle von Informationen über die Zerfallsprozesse der Atome, aber leider sind unsere Theorien über die Kernstruktur nicht weit genug fortgeschritten, um diese Daten detailliert zu interpretieren. Der Ausstoß von α- und β-Teilchen mit hoher Geschwindigkeit aus dem radioaktiven Kern gibt uns eine Vorstellung von den mächtigen Kräften, die im Kern herrschen, denn es kann geschätzt werden, dass die Energie der Emission des α-Teilchens in einigen Fällen größer ist als die Energie, die entstehen würde, wenn das α-Teilchen frei zwischen zwei Punkten fallen würde, die sich im Potential um etwa 4 Millionen Volt unterscheiden. Die Energien der β- und γ-Strahlen liegen in einer ähnlichen Größenordnung.

Trotz unserer detaillierten Kenntnisse über die sukzessive Umwandlung der Radioelemente konnten wir uns bisher noch kein genaues Bild von ihrer Kernstruktur machen, während die Ursache des Zerfalls noch immer ein völliges Rätsel ist. Vergleicht man die Umwandlungsreihen von Uran, Thorium und Actinium, so fallen die vielen Ähnlichkeiten in den Zerfallsprozessen ins Auge. Die Strahlungen ähneln sich nicht nur in Art und Energie, sondern in allen Fällen ist das Endprodukt vermutlich ein Blei-Isotop. Diese bemerkenswerte Ähnlichkeit der Umwandlungsarten zeigt sich insbesondere bei den C-Körpern, von denen bekannt ist, dass jeder auf mindestens zwei verschiedene Arten zerfällt und dabei Verzweigungsprodukte entstehen. Thorium C emittiert zum Beispiel zwei Arten von α-Strahlen, 65

Prozent der Reichweite 8,6 cm und 35 Prozent der Reichweite 4,8 cm, und zusätzlich einige β-Strahlen.

Um diese Ergebnisse zu erklären, wurde vorgeschlagen, dass ein Teil der Thorium-C-Atome zunächst unter Ausstoß eines α-Teilchens zerbricht und das entstehende Produkt dann ein β-Teilchen aussendet. Die andere Fraktion zerfällt in umgekehrter Weise, wobei zuerst ein β-Teilchen ausgestoßen wird, während das nachfolgende

Produkt ein α-Teilchen aussendet. Ähnliche duale Veränderungen treten bei Radium C und Actinium C auf, obwohl die relative Anzahl der Atome in jedem Zweig bei den verschiedenen Elementen sehr unterschiedlich ist.

Diese bemerkenswerte Ähnlichkeit zwischen den "C"-Körpern wird durch die jüngste Entdeckung von Bates und Rogers, dass sowohl Radium C als auch Thorium C in geringer Zahl andere Gruppen von α-Teilchen hervorbringen, von denen sich einige mit sehr hoher Geschwindigkeit bewegen, noch weiter unterstrichen.

Es ist oft bemerkt worden, dass die radioaktiven Eigenschaften der C-Körper mehr von der Ordnungszahl, d. h. der Kernladung, als vom Atomgewicht abzuhängen scheinen. Betrachtet man die beiden bekanntesten C-Körper Radium und Thorium, so haben beide eine Kernladung von 83, aber die Atommasse von Radium C beträgt 214 und von Thorium C 212.

Der Kern von Radium C enthält also zwei Protonen und zwei Elektronen mehr als der von Thorium C. Wenn man annimmt, dass die Kerne dieser Elemente aus einer großen Anzahl geladener Einheiten bestehen, die sich ständig und unregelmäßig bewegen, ist zu erwarten, dass die Hinzufügung der Protonen und Elektronen zu der komplexen Struktur die Kernanordnung und folglich die Stabilität und die Art der Umwandlung völlig verändern würde. Andererseits stellen wir fest, dass die Umwandlungsarten dieser beiden Kerne auffallende und unerwartete Ähnlichkeiten aufweisen, die mit einer solchen Annahme völlig im Widerspruch stehen. Wir können jedoch eine mögliche Erklärung für diese Anomalie vorschlagen, indem wir annehmen, dass die α- und β-Teilchen, die von diesen Elementen freigesetzt werden, nicht tief in die Kernstruktur eingebaut sind, sondern als Satelliten eines zentralen Kerns existieren, der beiden Elementen gemeinsam ist. Diese Satelliten können, wenn sie in Bewegung sind, durch die vom Kern ausgehenden Anziehungskräfte im Gleichgewicht gehalten werden, und diese Kräfte wären für beide Elemente die gleichen. Nach dieser Auffassung sind die Erscheinungen der Radioaktivität nicht auf den Hauptkern zurückzuführen, sondern auf die Verteilung der Satelliten, die bei beiden Elementen etwas unterschiedlich sein müssen, obwohl sie möglicherweise viele Ähnlichkeiten aufweisen. Zugegebenermaßen ist eine solche Theorie sehr spekulativ, aber sie stellt eine nützliche Arbeitshypothese dar, die nicht nur die Ähnlichkeit der Umwandlungsarten der beiden Elemente erklärt, sondern auch sofort eine mögliche Erklärung für die Freisetzung einer Reihe von α-Teilchen unterschiedlicher Reichweite aus demselben Element liefert.

Es gibt zwei Möglichkeiten, diese Frage zu beantworten. Erstens kann man annehmen, dass beim Zerfall eine bestimmte Menge überschüssiger Energie freigesetzt werden muss und dass diese Energie an einen beliebigen von mehreren Satelliten abgegeben werden kann. Es gibt eine gewisse Wahrscheinlichkeit, dass ein bestimmtes Teilchen diese Energie erhält, und davon hängt die relative Anzahl der Teilchen in den verschiedenen α-Strahlengruppen ab.

Die endgültige Energie des Ausstoßes eines α-Teilchens hängt von seiner Position in dem Kraftfeld ab, das den inneren Kern im Moment seiner Befreiung umgibt. Andererseits kann man davon ausgehen, dass immer dasselbe α-Teilchen ausgestoßen wird, dass das Teilchen aber im Atom eine von mehreren "stationären" Positionen einnehmen kann, analog zu den "stationären Zuständen" der Elektronen in Bohrs Theorie des äußeren Atoms. Dies beruht auf der Annahme, dass nicht alle Atome in ihrer Satellitenstruktur identisch sind, sondern dass es eine Reihe möglicher "angeregter" Zustände des Atoms als Folge der vorangegangenen Zerfallsprozesse geben wird. Diese Satellitentheorie ist in einem anderen Zusammenhang nützlich.

Es wurde vorgeschlagen, dass die hochfrequenten γ-Strahlen eines radioaktiven Atoms möglicherweise nicht, wie gewöhnlich angenommen, durch die Bewegung der Elektronen entstehen, sondern durch den Transfer von α-Teilchen von einem Niveau zum anderen. In einem solchen Fall sollte der Energieunterschied zwischen den verschiedenen Gruppen von α-Teilchen aus Radium C und Thorium C durch die Quantenbeziehung mit den Frequenzen der auffälligen γ-Strahlen verbunden sein. Die zur Zeit verfügbaren Beweise sind nicht eindeutig genug, um eine endgültige Entscheidung zu diesem Problem zu treffen, sondern weisen auf die Notwendigkeit sehr genauer Messungen der Energien der verschiedenen Gruppen von α-Teilchen hin. Aufgrund der relativ geringen Anzahl von Teilchen in einigen der Gruppen ist dies nur schwer zu bewerkstelligen.

Bei der Betrachtung der Satellitentheorie im Zusammenhang mit den radioaktiven Körpern liegt auf den ersten Blick die Vermutung nahe, dass, da das Endprodukt sowohl der Radium- als auch der Thoriumreihe ein Blei-Isotop ist, eines der Blei-Isotope den zentralen Kern bildet. Es könnte jedoch durchaus sein, dass die radioaktiven Prozesse aufhören, wenn noch einige Satelliten übrig sind. Wenn dies der Fall ist, kann der Kern eine geringere Kernladung und Masse haben als der des Bleis. Aus einigen Überlegungen, die später beschrieben werden, könnte dieser Kern einem platinähnlichen Element mit der Nummer 77 und der Masse 192 entsprechen.

SCHWINGUNGSFREQUENZ DES ATOMKERNS

Eine der interessantesten und wichtigsten Methoden, um Licht auf die Kernstruktur zu werfen, ist die Untersuchung der sehr durchdringenden γ-Strahlen, die von einigen radioaktiven Körpern ausgestoßen werden. Die γ-Strahlen sind ihrer Natur nach identisch mit den Röntgenstrahlen, aber die durchdringendste Art von Strahlen besteht aus Wellen mit viel höherer Frequenz, als sie in einer gewöhnlichen Röntgenröhre erzeugt werden können. Die Arbeiten der letzten Jahre haben sehr deutlich gezeigt, dass der größte Teil der γ-Strahlung von Körpern wie Radium B und C im Atomkern entsteht. Die Bestimmung der Frequenzen der γ-Strahlung gibt uns also direkte Informationen über die Schwingungsformen von Teilen der Kernstruktur. Die Frequenz einiger der weicheren γ-Strahlen, die von Radium B und Radium C angeregt werden, wurde von Rutherford und Andrade mit der Kristallmethode gemessen, aber es ist schwierig, wenn nicht unmöglich, mit dieser Methode die Frequenzen der sehr durchdringenden Strahlen zu bestimmen. Glücklicherweise wurde, vor allem dank der Arbeit von Ellis und Fräulein Meitner, eine neue und leistungsfähige Methode für diesen Zweck entwickelt. Es ist bekannt, dass die β-Strahlen von Radium B und Radium C in einem Magnetfeld ein regelrechtes Spektrum ergeben, das das Vorhandensein einer Reihe von Gruppen von β-Strahlen zeigt, die jeweils mit einer bestimmten Geschwindigkeit ausgestoßen werden. Es ist klar, dass jede der Gruppen von β-Strahlen aus der Umwandlung der Energie eines γ-Strahls mit einer bestimmten Frequenz in einen β-Strahl in dem einen oder anderen elektronischen Niveau des äußeren Atoms entsteht. Die Energie ω, die erforderlich ist, um ein Elektron von einem dieser Niveaus nach außerhalb des Atoms zu bewegen, ist aus der Untersuchung von Röntgenabsorptionsspektren bekannt. Die Frequenz ν des γ-Strahls ist also durch die Quantenbeziehung $h\nu = E + \omega$ gegeben, wobei E die gemessene Energie des β-Teilchens ist.

Da jeder γ-Strahl in jedem der bekannten elektronischen Niveaus des äußeren Atoms umgewandelt werden kann, ist ein einziger γ-Strahl für das Auftreten einer Reihe von Gruppen von β-Strahlen verantwortlich, die der Umwandlung in den Niveaus K, L, M usw. entsprechen. Die Analyse des β-Strahlenspektrums ermöglicht es somit, die Frequenz der intensiveren γ-Strahlen zu bestimmen, die vom Kern ausgesandt werden.

Die Energie der kürzesten Welle, die auf diese Weise von Ellis gemessen wurde, entspricht mehr als zwei Millionen Volt, während andere Beweise zeigen, dass wahrscheinlich noch kürzere Wellen in geringer Menge von Radium C emittiert werden.

Ellis und Skinner haben gezeigt, dass die Energien dieser Strahlen bestimmte Kombinationsunterschiede aufweisen, wie sie für die Energien der von den Außenelektronen ausgehenden Röntgenstrahlen so charakteristisch sind. Es kann also eine Reihe von Energieniveaus im Kern postuliert werden, die den Elektronenniveaus des äußeren Atoms ähnlich sind, und die γ-Strahlen haben ihren Ursprung im Fall eines Elektrons oder eines α-Teilchens zwischen diesen Niveaus. Dies ist ein bedeutendes und wichtiges Ergebnis, das zeigt, dass die Quantendynamik sowohl auf den Kern als auch auf die äußere elektronische Struktur angewendet werden kann.

Die Wahrscheinlichkeit von Niveaus in der Kernstruktur ist bei der Satellitenhypothese am deutlichsten zu erkennen, aber da wir die Kraftgesetze in der Nähe des Kerns nicht kennen, sind wir derzeit nicht in der Lage, die Quantendynamik direkt auf das Problem anzuwenden. Die Aussichten für weitere Fortschritte in dieser Richtung sind hoffnungsvoll, hängen aber eng mit der Weiterentwicklung unserer Kenntnisse über die Kraftgesetze zusammen, die in der Nähe des Kerns in dem von den Satelliten besetzten Bereich zum Tragen kommen.

KÜNSTLICHE ZERSETZUNG VON ELEMENTEN

Wie wir gesehen haben, geht man davon aus, dass die Kerne aller Atome aus Protonen und Elektronen zusammengesetzt sind und dass die Anzahl jeder dieser Einheiten in einem Kern aus seiner Masse und Kernladung abgeleitet werden kann. Es ist jedoch auf den ersten Blick überraschend, dass die Untersuchung der Umwandlungen der radioaktiven Elemente, bei denen es sich um sehr fundamentale Prozesse handeln muss, keine Hinweise auf die individuelle Existenz von Protonen in einem Kern liefert. Soweit unsere Beobachtungen reichen, werden bei den langen Umwandlungsreihen von Uran, Thorium und Actinium Elektronen und Heliumkerne, aber keine Protonen ausgestoßen. Eine der naheliegendsten Methoden zur Bestimmung der Struktur eines Kerns besteht darin, eine Methode zu finden, ihn in seine Bestandteile zu zerlegen. Bei den schweren radioaktiven Elementen geschieht dies in begrenztem Umfang spontan durch die Natur, aber bei den gewöhnlichen Elementen gibt es keine derartigen Hinweise.

Da das schnelle α-Teilchen aus den radioaktiven Körpern das bei weitem energiereichste Projektil ist, das uns bekannt ist, schien es von Anfang an möglich, dass gelegentlich der Kern eines leichten Atoms durch einen engen Zusammenstoß mit einem α-Teilchen zerfällt. Aufgrund der winzigen Größe des Kerns ist zu erwarten, dass die Wahrscheinlichkeit eines direkten Treffers sehr gering ist und dass folglich die Zersetzungseffekte, wenn überhaupt, nur in sehr geringem Umfang zu beobachten wären. In den letzten Jahren haben Dr. Chadwick und ich eindeutige Beweise dafür erhalten, dass Wasserstoffkerne oder Protonen durch den Beschuss mit α-Teilchen aus den Elementen Bor, Stickstoff, Fluor, Natrium, Aluminium und Phosphor entfernt werden können. Bei diesen Experimenten wird das Vorhandensein von H-Kernen durch die Szintillationsmethode nachgewiesen, und ihre maximale Ausstoßgeschwindigkeit kann anhand der Dicke der Materie, die von diesen Teilchen durchdrungen werden kann, geschätzt werden. Die Zahl der ausgestoßenen H-Kerne ist selbst im günstigsten Fall relativ gering im Vergleich zur

Zahl der beschossenen α-Teilchen, nämlich etwa eins zu einer Million.

Bei diesen Experimenten wurde das zu beschießende Material unmittelbar vor der Quelle der α-Teilchen platziert, und die ausgestoßenen Teilchen wurden auf einem Zinksulfidschirm beobachtet, der in direkter Linie in einigen Zentimetern Entfernung platziert war. Bei der Verwendung von Radium C als Quelle für α-Strahlen waren die Reichweiten, ausgedrückt in Zentimetern Luft, in allen diesen Fällen größer als die Reichweite der freien Kerne (30 cm in Luft), die durch die α-Teilchen in Wasserstoff in Bewegung gesetzt werden. Durch Einsetzen von Absorptionsschirmen mit einem Luftäquivalent von 30 cm vor dem Zinksulfidschirm waren die Ergebnisse völlig unabhängig von der Anwesenheit von freiem oder gebundenem Wasserstoff als Verunreinigung in den beschossenen Materialien. Einige der leichteren Elemente wurden auf geringere Absorptionen untersucht, aber im Allgemeinen war die Zahl der H-Teilchen aufgrund der Wasserstoffverunreinigung der Quelle und der Materialien so groß, dass man sich nicht auf die Ergebnisse verlassen konnte.

Bei solchen Experimenten können viele Szintillationen beobachtet werden, aber es ist sehr schwierig zu entscheiden, ob diese teilweise auf einen tatsächlichen Zerfall des untersuchten Materials zurückgeführt werden können. Das Vorhandensein von weitreichenden Teilchen des α-Strahlentyps aus der Radium-C

Quelle erschwert die Frage noch weiter, da die Anzahl dieser Teilchen im Allgemeinen groß ist im Vergleich zu dem normalerweise beobachteten Zerfallseffekt.

Um diese Schwierigkeiten zu überwinden, die mit der direkten Beobachtungsmethode verbunden sind, haben Dr. Chadwick und ich eine einfache Methode entwickelt, mit der wir mit Sicherheit den Zerfall eines Elements beobachten können, wenn die ausgestoßenen Teilchen in der Luft nur eine Reichweite von 7 cm haben. Diese Methode beruht auf der in unseren früheren Experimenten bestätigten Annahme, dass die Zerfallsteilchen in alle Richtungen relativ zu den einfallenden Strahlen emittiert werden. Ein starker α-Strahlenstrahl fällt auf das zu untersuchende Material, und die freigesetzten Teilchen werden in einem durchschnittlichen Winkel von 90° zur Richtung der einfallenden α-Teilchen beobachtet. Mit Hilfe von Sieben wird dafür gesorgt, dass keine α-Teilchen direkt auf das Zinksulfid-Sieb fallen können.

Diese Methode hat viele Vorteile. Wir können nun Teilchen mit einer Reichweite von mehr als 7 cm mit der gleichen Sicherheit nachweisen wie Teilchen mit einer Reichweite von mehr als 30 cm in unseren früheren Experimenten, denn das Vorhandensein von Wasserstoff in dem beschossenen Material hat keinen Einfluss. Dies kann sofort durch Beschuss eines Paraffinschirms gezeigt werden, wenn auf dem Zinksulfidschirm keine Teilchen zu sehen sind. Da die Zahl der H-Kerne oder α-Teilchen durch die Streuung um 90° sehr stark abnimmt, sind die Ergebnisse völlig unabhängig von H-Kernen aus der Quelle oder von den weitreichenden α-Teilchen. Letztere sind unter unseren Versuchsbedingungen gerade noch nachweisbar, wenn ein schweres Element wie Gold als Streumaterial verwendet wird, sind aber für die leichteren Elemente nicht nachweisbar.

Eine leichte Modifikation der Anordnung ermöglicht es uns, sowohl Gase als auch Festkörper zu untersuchen.

Auf diese Weise haben wir herausgefunden, dass neben den Elementen Bor, Stickstoff, Fluor, Natrium, Aluminium und Phosphor, die H-Teilchen mit einer maximalen Reichweite in Vorwärtsrichtung zwischen 40 und 90 cm abgeben, folgende Elemente Teilchen mit einer Reichweite von über 7 cm abgeben: Neon, Magnesium, Silizium, Schwefel, Chlor, Argon und Kalium. Die Anzahl der von diesen Elementen emittierten Teilchen ist im Vergleich zu der von Aluminium unter denselben Bedingungen gering und schwankt zwischen ⅓ und 1/20. Die Reichweiten der Teilchen sind nicht genau bestimmt worden. Neon scheint unter unseren Bedingungen die kürzeste Reichweite zu haben, etwa 16 cm, während die Reichweiten der anderen Teilchen zwischen 18 cm und 30 cm liegen. Dank der Freundlichkeit von Dr. Rosenhain konnten wir Experimente mit einer Platte aus metallischem Beryllium durchführen. Dies ergab eine geringe Wirkung, etwa 1/30 derjenigen von Aluminium, aber wir sind noch nicht sicher, ob dies nicht auf das Vorhandensein einer kleinen Menge Fluor als Verunreinigung zurückzuführen ist. Die anderen leichten Elemente, Wasserstoff, Helium, Lithium, Kohlenstoff und Sauerstoff, haben keine nachweisbare Wirkung über 7 cm hinaus. Interessant ist, dass Kohlenstoff und Sauerstoff keine Wirkung zeigen, während Schwefel, wahrscheinlich ebenfalls ein "reines" Element der Masse 4n, eine Wirkung von fast einem Drittel der Wirkung von Aluminium zeigt. Dies zeigt deutlich, dass der Schwefelkern nicht nur aus Heliumkernen besteht, was auch die Atommasse von 32,07 nahelegt.

Wir haben eine erste Untersuchung der Elemente von Kalzium bis Eisen durchgeführt, jedoch ohne endgültige Ergebnisse, da es schwierig ist, diese Elemente frei von "aktiven" Elementen, insbesondere Stickstoff, zu erhalten. Während z. B. ein Stück elektrolytisches Eisen keine Partikel über 7 cm lieferte, zeigte ein Stück schwedisches Eisen eine große Wirkung, die zweifellos auf das Vorhandensein von Stickstoff zurückzuführen war, denn nach längerem Erhitzen im Vakuum verschwand der größte Teil. Ähnliche Ergebnisse wurden mit den anderen Elementen in dieser Region festgestellt.

Bei den Elementen Nickel, Kupfer, Zink, Selen, Krypton, Molybdän, Palladium, Silber, Zinn, Xenon, Gold und Uran konnten wir keine Wirkungen feststellen. Das Krypton und Xenon wurden uns freundlicherweise von Dr. Aston zur Verfügung gestellt.

UNTERSUCHUNG VON LEUCHTELEMENTEN AUF PARTIKEL MIT EINER REICHWEITE VON WENIGER ALS 3 CM. DER LUFT

Wenn α-Teilchen von leichten Elementen gestreut werden, zeigt die einfache Theorie, dass die Geschwindigkeit der gestreuten Teilchen vom Streuungswinkel abhängt. Wenn zum Beispiel α-Teilchen mit einer Reichweite von 7 cm bombardiert werden, kann die Reichweite der α-Teilchen, die um mehr als 90° gestreut werden, nicht größer sein als 1,0 cm für Lithium (7), 2,0 cm für Beryllium (10), 2,5 cm für Kohlenstoff, 3,2 cm für Sauerstoff, 4,3 cm für Aluminium, und 6,8 cm für Gold.

Unter der Voraussetzung, dass die Absorberdicke ausreicht, um die um 90° gestreuten α-Teilchen zu stoppen, können wir z.B. Kohlenstoff auf zerfallene Teilchen untersuchen, deren Reichweite 2,5 cm übersteigt. Bei dieser Art von Experimenten treten gewisse Schwierigkeiten auf, die bei einer Absorberdicke von mehr als 7 cm nicht auftreten; jedes schwere Element, das als Verunreinigung vorhanden ist, führt zu gestreuten α-Teilchen mit einer größeren Reichweite als die des Kohlenstoffs und erschwert somit die Beobachtungen. Darüber hinaus können ernsthafte Probleme durch die Verflüchtigung oder das Entweichen aktiver Stoffe aus der Quelle entstehen. Dies ist vor allem dann der Fall, wenn das Gefäß, in dem sich die radioaktive Quelle befindet, erschöpft ist. Um diese Schwierigkeit zu überwinden, haben wir es für wünschenswert gehalten, die Quelle mit einer dünnen Zelluloidschicht von 2 oder 3 mm Sperrwirkung für α-Strahlen zu bedecken. Auf diese Weise konnten wir ernsthafte Kontaminationen vermeiden und die leichteren Elemente mit dieser Methode untersuchen. Bei Entfernungen von mehr als 3 cm konnten wir keine nennenswerte Anzahl von Teilchen von Lithium oder Kohlenstoff nachweisen. Wenn Kohlenstoff überhaupt eine Wirkung zeigt, dann ist es sicherlich weniger als ein Zehntel der Anzahl von Aluminium unter den gleichen Bedingungen. Dies steht in völligem Widerspruch zu den Arbeiten von Kirsch und Patterson (Nature, 26. April 1924), die eine große Anzahl von Teilchen aus Kohlenstoff im Bereich von 6 cm nachweisen konnten. In Übereinstimmung mit unseren anderen Experimenten wurde ein leichter Effekt bei Beryllium beobachtet. Bei Sauerstoffgas wurde keine Wirkung festgestellt. Abgesehen von Beryllium wurde für Elemente, die leichter als Bor sind, keine bestimmte Wirkung festgestellt.

Unter den Bedingungen unseres Experiments scheint es klar zu sein, dass weder H-Kerne noch andere Teilchen mit einer Reichweite von mehr als 3 cm in nennenswerter Anzahl aus diesen Elementen in einer Richtung rechtwinklig zu den beschossenen α-Strahlen freigesetzt werden können. Dies ist in gewisser Weise ein enttäuschendes Ergebnis, denn wenn es sich bei diesen Elementen nicht um sehr fest gebundene Strukturen handelt, war zu erwarten, dass ein α-Teilchenbeschuss sie in ihre Bestandteile auflösen würde.

Wir hoffen, diese Frage noch gründlicher untersuchen zu können, da es für die Theorie der Kernkonstitution von großer Bedeutung ist, Gewissheit darüber zu erlangen, ob die leichten Elemente durch schnelle α-Teilchen zersetzt werden können oder nicht.

Betrachtet man die Ergebnisse unserer neuen und alten Beobachtungen, so fallen einige Punkte auf, die von großem Interesse sind. Erstens erleiden alle Elemente von Fluor bis einschließlich Kalium unter dem Beschuss mit α-Strahlen eine Zersetzung. Soweit unsere Beobachtungen reichen, besteht kaum ein Zweifel daran, dass es sich bei den von all diesen Elementen ausgestoßenen Teilchen um H-Kerne handelt.

Die ungeraden Elemente, B, N, F, Na, Al, P, geben alle Teilchen mit großer Reichweite ab, die zwischen 40 cm und 90 cm in Vorwärtsrichtung variieren, die geraden Elemente, C, O, Ne, Mg, Si, S, geben entweder nur wenige oder gar keine Teilchen ab, wie im Fall von C und O, oder sie geben Teilchen mit viel geringerer Reichweite als die benachbarten ungeraden Elemente. Die Unterschiede zwischen den Bereichen der geradzahligen Elemente sind bei den Elementen, die schwerer als Phosphor sind, viel weniger ausgeprägt.

Dieser offensichtliche Unterschied in der Austreibungsgeschwindigkeit der H-Kerne von geraden und ungeraden Elementen ist von großem Interesse. Eine solche Unterscheidung kann durch andere Beobachtungen ganz anderer Art ergänzt werden. Harkins hat gezeigt, dass Elemente mit gerader Ordnungszahl in der Erdkruste viel häufiger vorkommen als Elemente mit ungerader Ordnungszahl. Aston hat in seiner Studie über Isotope gezeigt, dass Elemente mit ungerader Ordnungszahl im Allgemeinen nur zwei Isotope haben, die sich in ihrer Masse um zwei Einheiten unterscheiden, während Elemente mit gerader Ordnungszahl in einigen Fällen eine große Anzahl von Isotopen enthalten. Dieser bemerkenswerte Unterschied zwischen geradzahligen und ungeradzahligen Elementen erweckt eine lebhafte Neugier, über die Ursache können wir jedoch derzeit nur spekulieren.

FLUCHTGESCHWINDIGKEIT VON WASSERSTOFFKERNEN

Wir haben gesehen, dass die Experimente von Bieler über die Streuung von α-Strahlen an Aluminium und Magnesium darauf hindeuten, dass eine starke Anziehungskraft in unmittelbarer Nähe der Kerne dieser Atome wirkt. Wenn dies der Fall ist, müssen sich die Anziehungs- und Abstoßungskräfte in einem bestimmten Abstand vom Kern ausgleichen. Außerhalb dieses kritischen Punktes wirken die Kräfte auf einen positiv geladenen Körper nur noch abstoßend. Aus dieser allgemeinen Betrachtung der Kernkräfte ergeben sich einige wichtige Konsequenzen. Nehmen wir zum Beispiel an, dass ein Wasserstoffkern durch einen Zusammenstoß mit einem schnellen α-Teilchen aus der Kernstruktur herausgelöst wird. Nachdem er die kritische Oberfläche durchquert hat, wird er beim Durchqueren des Abstoßungsfeldes Energie gewinnen. Aus dieser Sicht ist es klar, dass die Energie eines geladenen Teilchens nach dem Entweichen aus dem Atom nicht geringer sein kann als die im Abstoßungsfeld erworbene Energie; folglich sollten wir erwarten, Beweise dafür zu finden, dass es eine minimale Fluchtgeschwindigkeit eines Zerfallsteilchens gibt. Wir haben eindeutige Beweise für einen solchen Effekt sowohl bei Aluminium als auch bei Schwefel erhalten, indem wir die Absorption von H-Kernen aus diesen Elementen untersucht haben. Es wurde festgestellt, dass die Anzahl der Szintillationen für einen dünnen Film bei einer Absorption zwischen 7 und 12 cm nahezu konstant ist, bei größeren Dicken jedoch schnell abnimmt. Dies ist genau das, was bei den skizzierten Ansichten zu erwarten ist. Zweifelsohne variiert die Grenzgeschwindigkeit für die verschiedenen Elemente etwas, aber es sind noch viele Experimente erforderlich, um diesen Grenzwert mit Genauigkeit zu bestimmen. Aus diesen Ergebnissen lässt sich eine grobe Schätzung des Potentials des Feldes an der kritischen Oberfläche ableiten, das für Aluminium etwa 3 Millionen Volt beträgt. Der Wert für Schwefel liegt etwas höher. Dies verdeutlicht auf eindrucksvolle Weise die außerordentliche Kleinheit der Kerne dieser Elemente, denn es lässt sich berechnen, dass die kritische

Oberfläche nicht weiter als 6 x 10-13 cm vom Zentrum des Kerns entfernt sein kann. Diese Ableitungen des kritischen Abstands stimmen ausgezeichnet mit denen überein, die Bieler aus Beobachtungen der Streuung von α-Teilchen gemacht hat.

Daraus folgt eine weitere wichtige Konsequenz. Es ist klar, dass ein α-Teilchen, das auf den Kern geschossen wird, diese kritische Fläche nicht durchqueren kann und somit nicht in der Lage ist, einen Zerfall zu bewirken, es sei denn, seine Geschwindigkeit übersteigt diejenige, die dem kritischen Potential entspricht. In einem Experiment, das wir vor einigen Jahren durchgeführt haben, haben wir festgestellt, dass die Zahl der aus Aluminium freigesetzten H-Kerne mit abnehmender Geschwindigkeit des α-Teilchens schnell abnimmt und zu gering ist, um sie nachzuweisen, wenn die Reichweite des α-Teilchens weniger als 4,9 cm beträgt. Dies entspricht der Energie eines α-Teilchens, die zwischen etwa 3 Millionen Volt liegt - ein Wert, der gut mit dem aus dem Entweichen von H-Kernen berechneten Wert übereinstimmt.

Weitere Experimente mit anderen Elementen sind erforderlich, um zu prüfen, ob diese Beziehung zwischen der Mindestgeschwindigkeit von H-Kernen und der Mindestgeschwindigkeit des α-Teilchens, die einen Zerfall bewirkt, allgemein gültig ist; die Ergebnisse sind jedoch sehr aufschlussreich.

Es ist interessant festzustellen, dass diese Ergebnisse einen definitiven Beweis für das Kernkonzept des Atoms liefern und uns eine gewisse Hoffnung geben, dass wir die Größe des kritischen Potentials für eine Reihe von leichten Elementen bestimmen können.

ENTWICKLUNG DER KERNE

Abschließend möchte ich noch einige eher spekulative Bemerkungen machen, die sich mit dem grundlegenden Problem der Entstehung und Entwicklung der Elemente aus den beiden Grundbausteinen, den positiven und negativen Elektronen, befassen. Man muss zugeben, dass es nur wenige Informationen gibt, an denen wir uns orientieren können, abgesehen von unseren Kenntnissen über die Kernladungen und Massen der verschiedenen Arten von Elementen, die heute noch existieren. Es war immer eine große Schwierigkeit, sich vorzustellen, wie die komplexeren Kerne durch die aufeinanderfolgende Hinzufügung von Protonen und Elektronen aufgebaut werden können, da das Proton mit einer sehr hohen Geschwindigkeit ausgestattet sein muss, um sich dem geladenen Kern zu nähern. Ich habe in diesem Aufsatz bereits den Nachweis erörtert, dass in der Nähe der Kernstruktur starke Anziehungskräfte vorhanden sind, die sich mit dem Abstand sehr schnell ändern, und es scheint wahrscheinlich, dass diese Kräfte letztlich dem konstituierenden Proton zugeschrieben werden müssen. In einem solchen Fall ist es möglich, dass ein Elektron und ein Proton eine sehr enge Kombination oder ein Neutron, wie ich es genannt habe, bilden. Der wahrscheinliche Abstand zwischen den Zentren dieses Dubletts liegt in der Größenordnung von 3 x 10-13 cm. Die Kräfte zwischen zwei Neutronen wären sehr gering, abgesehen von einer Annäherung in dieser Größenordnung, und es ist wahrscheinlich, dass sich die Neutronen in ähnlicher Weise zusammenfinden würden, wie eine Anzahl kleiner beweglicher Magnete dazu neigen würde, eine kohärente Gruppe zu bilden, die durch ihre gegenseitigen Kräfte zusammengehalten wird.

Bei der Betrachtung des Ursprungs der Elemente können wir der Einfachheit halber von einer großen diffusen Masse von Wasserstoff ausgehen, die durch ihre gravitative Kondensation allmählich erhitzt wird. Bei hohen Temperaturen würde das Gas hauptsächlich aus freien Wasserstoffkernen und Elektronen bestehen, von denen sich einige im Laufe der Zeit zu Neutronen verbinden und dabei Energie abgeben würden.

Diese Neutronen würden sich zu Kernmassen aller Art und Komplexität zusammenschließen. Die Neutronengruppen hätten nun die Tendenz, stabilere Kernkombinationen zu bilden, wie Heliumkerne der Masse vier und möglicherweise Zwischenstufen der Massen zwei und drei. Bei diesen Prozessen würde Energie freigesetzt, wahrscheinlich in Form von schnellen überschüssigen Elektronen, die für die Stabilität des Systems nicht notwendig sind. In gewisser Weise wären alle diese Kernmassen radioaktiv, aber einige von ihnen könnten bei ihrer Umwandlung eine stabile Konfiguration erreichen, die den Kern eines unserer überlebenden Elemente darstellen würde. Wenn wir davon ausgehen, dass Kernmassen über einen weiten Massenbereich gebildet werden können, bevor es zu einer ernsthaften Umwandlung kommt, ist es leicht zu erkennen, wie nach und nach jede mögliche Art von stabilem Element entsteht. Nimmt man den Heliumkern als eine Kombinationseinheit, die bei ihrer Bildung die größte Energiemenge abgibt, so ist zu erwarten, dass viele der Neutronen eines schweren Kerns letztlich Heliumkerne bilden. Diese Heliumkerne würden dazu neigen, sich zu sammeln und bestimmte Systeme zu bilden, und es scheint nicht unwahrscheinlich, dass sie sich zu geordneten Strukturen gruppieren, die in mancher Hinsicht der regelmäßigen Anordnung von Atomen zur Bildung von Kristallen ähneln, jedoch mit viel geringeren Abständen zwischen den Struktureinheiten. In einem solchen Fall könnten einige der Elemente aus einer zentralen kristallartigen Struktur von Heliumkernen bestehen, die von positiv und negativ geladenen Satelliten umgeben sind, die sich um diesen zentralen Kern bewegen. Unter der Annahme, dass solche geordneten Anordnungen von Heliumkernen möglich sind, ist es interessant festzustellen, dass die beobachteten Beziehungen zwischen atomarer Ladung und atomarer Masse für die Elemente durch eine sehr einfache Annahme näherungsweise erhalten werden können.

Nehmen wir an, die Heliumkerne bilden ein punktzentriertes kubisches Gitter mit einem Elektron im Zentrum einer Kristalleinheit aus acht Heliumkernen. Einige der möglichen Gruppierungen sind in der folgenden Tabelle mit den entsprechenden Massen und Kernladungen angegeben. Die Struktur 4. 3. 2. bedeutet eine rechteckige Anordnung mit Seiten, die jeweils 4. 3. 2. Kerne enthalten. Sie enthält also 24 Heliumkerne, hat eine Masse von 96 und enthält 6 intranukleare Elektronen. Seine Kernladung beträgt also 48 - 6 = 41.

Strukturelle Anordnung von Heliumkernen	**Berechnete Kernladung**	**Berechnete Masse**	**Bekanntes Element mit gleicher Ladung**
3. 2. 2.	22	48	Ti 48
3. 3. 2.	32	72	Ge 74, 72, 70
3. 3. 3.	46	108	Pd 106.7
4. 2. 2.	29	64	Cu 63.35
4. 3. 2.	42	96	Mo 96
4. 3. 3.	60	144	Nd 144
4. 4. 3.	78	192	Pt 195

Obwohl die Übereinstimmung bei weitem nicht für alle diese Strukturen perfekt ist, gibt es eine allgemeine Übereinstimmung mit den Beobachtungen. Wenn wir davon ausgehen, dass einige dieser Strukturen durch die Hinzufügung von Satelliten wachsen können, gibt es Raum für die Anpassung der Massen und die Einbeziehung der dazwischenliegenden Elemente. Diese Sichtweise ist zugegebenermaßen sehr spekulativ, und es können durchaus auch andere Arten von Strukturen beteiligt sein. Gleichzeitig deuten die allgemeinen Hinweise darauf hin, dass es einige Grundstrukturen gibt, auf denen die schwereren Atome nach und nach aufgebaut werden. Das Versagen der Ganzzahligkeitsregel für die Masse der Isotope, das in einigen Fällen von Aston beobachtet wurde, z. B. zwischen Zinn und Xenon, unterstützt sicherlich eine solche Vorstellung. Bei der Untersuchung des künstlichen Zerfalls der Elemente hat sich gezeigt, dass Kohlenstoff und Sauerstoff sehr stabile Strukturen darstellen, die wahrscheinlich aus Heliumkernen bestehen. Es ist möglich, dass zum Beispiel Sauerstoffkerne die strukturelle Grundlage einiger auf Sauerstoff folgender Elemente sind, aber unsere Informationen sind derzeit zu spärlich, um in diesem Punkt sicher zu sein.

Ich denke jedoch, dass aus diesem Vortrag deutlich wird, welch schwieriges, aber faszinierendes Problem mit der Struktur der Kerne verbunden ist. Bevor wir hoffen können, große Fortschritte zu machen, ist es unerlässlich, mehr über die Natur der Kräfte zu wissen, die in der Nähe von Protonen und Elektronen wirken, und wir können hoffen, viele Informationen durch eine detaillierte Studie der Streuung von schnellen α- und β-Strahlen durch Kerne zu erhalten. Erfreulicherweise gibt es jetzt eine Reihe verschiedener Ansätze zu diesem Problem, und aus der Kombination der erzielten Ergebnisse können wir hoffen, bei der Lösung dieses größten Problems der Physik stetige, wenn nicht gar schnelle Fortschritte zu machen.